我身边的二十四节气

THE TWENTY-FOUR SOLAR TERMS AROUND ME

江小鱼/编著

沈于琴/绘

吉林出版集团股份有限公司 | 全国百佳图书出版单位

立 春

【宋】王镃

泥牛鞭散六街尘,
生菜挑来叶叶春。
从此雪消风自软,
梅花合让柳条新。

早晨醒来,早早把日历翻开新的一页。今天,这一页上用大字写着"节气·立春"。

奶奶送给早早一顶漂亮的小帽子,帽子上还缝了一只五彩的小春鸡。

"什么是立春,什么又是节气呢?"爷爷这样说——

我们的祖先观察大自然的变化,把一年进行了细致划分,形成了"二十四节气"和"七十二候",它解释了大自然的秘密。比如,杏子什么时候成熟?什么时候种棉花?小燕子什么时候飞回北方?

具体来讲,每五天为一候,三候为一个节气,六个节气就是一个季节。"立春"是二十四节气中的第一个节气。

春始属木

立春

立春三候

■ 一候，东风解冻

春天来了，风儿鼓起一口气，把屋檐上的冰雪吹化，滴答滴答地往下流。

■ 二候，蛰（zhé）虫始振

立春之后，万物都开始焕发生机和活力。睡了一个冬天的小动物们身体出现了哪些变化呢？它们的呼吸、心跳逐渐正常起来，有时，还会轻轻地活动一下自己的身体，想快点儿去地面上玩。

■ 三候，鱼陟（zhì）负冰

鱼儿在水面下闷了一冬天，感觉外面的世界暖和了，迫不及待地想浮上来透透气。可是，冰还没有全融化呢。远远看去，鱼儿就像背着瘁冰块儿在游来游去。

每年2月3日或4日为立春。"立"是开始的意思。

在古代，人们以立春为春季的开始，一年之计在于春，这是一个很特别的日子，人们会用各种喜庆的方式来庆祝，剪春花、戴春鸡、吃春饼、打春牛等，热热闹闹地迎接它的到来。

听完爷爷的话,早早马上出门了,她想看一看,在这一天,外面发生了哪些变化。

"咦,院子里开着什么花?花瓣嫩黄嫩黄的,像一颗一颗小星星?"

奶奶说这是迎春花,它非常喜欢晒太阳,枝条落地就能生根,花朵刚好在立春的时节开放,因此,人们看见它就知道,寒冷的冬天要过去了。

奶奶说，传说古时候，人们都是在立春这一天过节，相当于现在的春节。人们认为立春是新一年的开始，就在这一天过大年。直到我国改用公历纪年，春节才被定到农历正月初一。

春节一直是我国最隆重的传统节日，家人聚在一起做年夜饭、守岁。人们还会走亲访友，互送真诚的祝福。

"是啊，热闹的场面会持续好多天呢！"早早想起了过年时，大家一起贴春联的热闹场景。

过除夕

立春日，农民伯伯要翻土犁田，准备种庄稼了。在这一天，人们通常会把泥土捏成牛的形状，然后抽打它。一旁的老牛看到了，害怕自己不干活也会被打，赶紧一骨碌爬起来耕田去了。

早早和奶奶看着走到田里的耕牛，笑得直不起腰来！

到了晚上，早早就和奶奶坐在窗边看星星。

奶奶说，古时候，人们通过观察北极星的位置来确定方向，制定节气。

立春这天北斗星斗柄的指向。

在立春这一天，晚上七点时就能看见北斗星的斗柄正指向东北，也就是方位角45度的地方。

看天气预报，
记录下立春这一天的气温吧。

_____年____月____日

最高气温：_____℃，

最低气温：_____℃。

春夜喜雨
【唐】杜甫

好雨知时节，当春乃发生。
随风潜入夜，润物细无声。
野径云俱黑，江船火独明。
晓看红湿处，花重锦官城。

这一天，早早还没醒来，就听到了窗外"沙沙沙"的雨声。

妈妈说，这一天是二十四节气中的"雨水"。春雨贵如油，下了雨，土地变得更湿润，种起庄稼来就更容易了。

早早高兴地把自己最喜欢的玩具都拿出来，让它们也在雨水里好好洗个澡。

雨量渐增

雨水

● -- 雨水三候 -- ●

每年2月18日或19日为雨水。从名字就看得出来，从这个节气开始，降水量逐渐变多了。谚语云"雨水有雨庄稼好"，农民伯伯一般会在这个节气里选种、除草，为接下来的春耕做准备。

■ 一候，獭（tǎ）祭鱼

随着冰雪融化，鱼儿都来到水面上透气。一冬天都没有吃饱的水獭，也可以趁机捉鱼吃了。

■ 二候，鸿雁来

南迁的大雁成群结队地飞回北方。因为要回到气候适宜的家乡，它们就算飞得再远也不觉得累。

■ 三候，草木萌动

仿佛听到了春姑娘的召唤，越来越多的小草从泥土里冒出了头。

大雁觉察到节气的变化,开始成群结队地向北飞,回到中国东北或者西伯利亚。

它们很守纪律,有时排成"人"字形,有时排成"一"字形。

猜灯谜

农历正月十五是元宵节。猜灯谜是元宵节的传统习俗，奶奶给早早出了一道灯谜：花开在雨水，含苞红通通，开花转淡红，最后换白衫，花落悄无声。

这道灯谜太难了，最后，在爸爸的帮助下，早早才猜到答案。

杏花

杏花是一种比较耐寒的植物，它通常在雨水前后开放。它还是花中的"魔术师"：在含苞待放时是红色的；开花后，颜色一点点变淡；花落时，花朵则变成了纯白色。

元宵节

天刚黑下来，一家人就开始忙着做元宵了。不一会儿，热乎乎的元宵就端上了桌。元宵节在农历正月十五，正月是农历的元月，古人称夜为"宵"，所以，人们把一年中第一个月圆之夜称为元宵节。在这一天，民间有许多传统习俗，比如赏月、猜灯谜、吃元宵。但在南方，人们这一天吃的是汤圆。

爸爸给早早做了一盏漂亮的兔子灯。吃完元宵，一家人一起去逛灯会。街上挂起了许多灯笼，五颜六色的，随风飘扬。

看着看着，早早趴在爸爸的背上睡着了，连什么时候回家的都不知道。

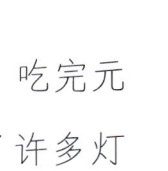

看天气预报
记录下雨水这一天的气温吧。

_____年_____月_____日

最高气温：_____℃，

最低气温：_____℃。

春晴泛舟（节选）
【宋】陆游

儿童莫笑是陈人,
湖海春回发兴新。
雷动风行惊蛰户,
天开地辟转鸿钧。

　　早早翻开日历,这一天的节气是"惊蛰"。在这个节气里打雷的话,就预示着今年的收成会很好。
　　"二月二,龙抬头,大仓满,小仓流。"奶奶说,再过两天就是二月二了。

惊蛰雷鸣

惊蛰

惊蛰三候

每年3月5日或6日为惊蛰。"惊"是惊醒的意思，"蛰"是藏起来的意思。这个节气的意思是说：隆隆的春雷声像闹钟一样，惊醒了蛰伏冬眠的动物。谚语说："春雷惊百虫。"其实，真正唤醒冬眠动物的，不是惊雷，而是逐渐暖和起来的天气。

一候，桃始华

惊蛰前后，正是桃花盛开的季节。花瓣贴着树枝热热闹闹地开放，远远望去，就像粉红色的锦缎。

二候，仓庚（gēng）鸣

"仓庚"又叫黄鹂，它的叫声婉转动听，是鸟儿中的音乐家。在温暖的春风里，它飞来飞去，提醒大家春耕要开始了。

三候，鹰化为鸠（jiū）

"鸠"是布谷鸟的意思。在这个节气里，老鹰会躲起来繁殖，而布谷鸟则经常出现在田间地头，二者的颜色很像，以至于人们以为布谷鸟是老鹰变的。

二月二 剃龙头

古时候，民间传说，这一天是主管云和雨的龙从睡眠中醒来的日子。人们会在这一天举办许多庆祝活动。在这一天剪发，又被称为"剃龙头"，"二月二，剃龙头，一年都有精神头"。

村口的理发店很早就排起了长队。

早早剪了一个蘑菇头。

剪完头发,早早正和小伙伴们笑闹着,突然,一阵轰隆隆的雷声传来,清凉的小雨落在了他们的头上。

哈哈哈,龙龙哥哥剪了一个有趣的西瓜头。

看天气预报,记录下惊蛰这一天的气温吧。

_____年____月____日

最高气温:_____℃,

最低气温:_____℃。

春日田家
【清】宋琬

野田黄雀自为群,
山叟相过话旧闻。
夜半饭牛呼妇起,
明朝种树是春分。

桃花红,李花白,菜花黄。爷爷说,这是一年当中最好的时候,处处绿意盎然。

"飞起来喽!"一阵欢笑声远远地传过来,小伙伴们正追着一个孙悟空风筝跑呢!

昼夜平分

春分

● --● 春分三候 ●--●

每年的3月20日或21日为春分。春分的意思就是，春天已经过去一半了，剩下的日子可要好好珍惜呀。

在这个节气里，阳光会直射赤道，昼夜时间是相等的，都是12个小时。这一天后，白天的时间就越来越长了。

一候，玄鸟至

小燕子背部的羽毛是蓝黑色的，在古代，人们又把它称为玄鸟。在春分时节，飞去南方躲避冬天的燕子都回到了北方。

二候，雷乃发声

春分时节，气温逐渐回升，南方的降水开始增多，经常伴随着轰隆隆的雷声。

三候，始电

春分以后，雷雨天气越来越多。天气就像孩子的脸，说变就变，不过，由于气温逐渐升高，小麦、水稻等农作物都长得很快，农忙季节就要开始啦。

听说每年的春分这天,民间都有"竖鸡蛋"的传统。

早早也从厨房里找来几枚鸡蛋,放在桌子上试了起来。试了好多好多次,终于有一枚鸡蛋立起来了。爸爸赶快拍下了这个难得的画面。

晚上观星的时候,早早突然有了意外的发现。

"快看,'勺子'的方向变了。"

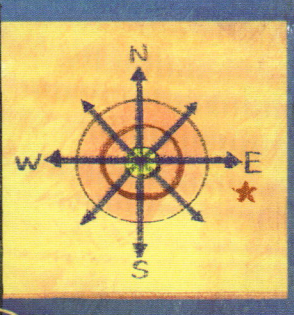

春分这天北斗星斗柄的指向。

北斗星的斗柄开始指向正东。古书中记载:"斗柄东指,天下皆春。"无论南方还是北方,此时都被暖融融的春天包围着。

看天气预报,记录下春分这一天的气温吧。

_____年____月____日

最高气温:_____℃,

最低气温:_____℃。

清 明

【唐】杜牧

清明时节雨纷纷,
路上行人欲断魂。
借问酒家何处有,
牧童遥指杏花村。

　　每年的清明节,爸爸都会带早早去山上祭祀祖先。这段时间雨水很多,墓地需要及时修整和清扫,否则,很可能会被雨水泡坏。
　　在路上,爸爸讲了许多自己小时候的事:和小伙伴们捉蛐蛐,带着弟弟和妹妹一起挖野菜……

清明

清明三候

每年4月4日或5日为清明节。清明有"天地清明"的含义。在这个节气里，太阳到达黄经15°。春回大地，万物复苏，人们通常会进行扫墓祭祖和踏青的活动。

一候，桐始华

桐花通常开在晚春时节，主要分白、紫两种颜色，香味很浓。花落的时候，地上就像铺了一层雪。

二候，田鼠化为鴽（rú）

"鴽"即鹌鹑。田鼠习惯了待在阴暗的洞穴里，这时感觉天气暖和了，就出来透透气。古人观察有误，认为此鸟为田鼠所变。

三候，虹始见

清明时节雨纷纷。待天气晴朗后，太阳光折射并反射到空气中的小水滴上，形成了一道美丽的彩虹。

  听了爸爸的故事,早早对这些没见过面的亲人更加尊敬了。她认真地将坟墓前的杂草都清理干净。

  爸爸还说,清明这一天不光要祭祀祖先,还可以和小伙伴们一起外出踏青。天气回暖,到处花红柳绿,无论赏花还是进行体育活动都很适合,大好的春光可不能辜负呀!

爸爸说："我再给你讲一个寒食节的故事吧。"

清明节前一天为寒食节，是为了纪念春秋时期晋国的大臣介子推而设立的。他历经磨难帮助晋文公重耳复国，之后选择了归隐山林。晋文公听信别人的意见放火烧山，想逼他出来。介子推却坚决不肯出山，最后和母亲一起抱着一棵大柳树被烧死了。

晋文公知道后很悲伤，下令人们在这一天不能生火，只能吃冷食。于是，这一天被称为"寒食节"。

在下山的路上,早早和爸爸看到一群小朋友在快乐地荡秋千。

"这也是清明节常见的活动吧?"

"对,在我小时候,秋千是用两根绳索绑上一块木板做成的,很简陋。我爷爷担心我荡秋千时会摔倒,就时刻在我身边看护着。"

说着说着,早早看到爸爸的眼睛湿润了。

回到家，热腾腾的青团已经端上桌了。这是住在南方的姑姑托人带来的。青团又叫"清明果"，是用蔬菜汁把糯米粉和成团，然后包上豆沙做成的。吃一口，就甜到心里。

当然，早早没忘记给在书房里的爸爸也端一碟过去。

这个清明节，早早觉得自己长大了，她知道了许多过去的故事，也懂得了要永远把亲人放在心中。

看天气预报，记录下清明这一天的气温吧。

_____年____月____日

最高气温：_____℃，

最低气温：_____℃。

阳羡杂咏十九首·茗坡
【唐】陆希声

二月山家谷雨天，
半坡芳茗露华鲜。
春醒酒病兼消渴，
惜取新芽旋摘煎。

最近，爸爸带早早来姑姑家做客。

谷雨这一天，早早天刚亮就蹦下床。姑姑说，如果天气好，就带她去附近的山上采茶。

在上山时，她们看到，人们都在忙忙碌碌地种植玉米、黄豆、土豆。姑姑说："这段时间气温高，最适合'种瓜点豆'了！"

雨生百谷

谷雨

谷雨三候

每年4月19日或20日为谷雨。古语云："播谷降雨。"这个节气的雨水，非常有利于农作物生长。这段时间，大家都忙着在田地里播种、移苗。有时候，人们在播种后，还会在农作物上铺一层塑料薄膜，达到保暖和保湿的目的。

■ 一候，萍始生

在这个节气里，气候温暖潮湿，非常适合池塘里的浮萍生长。

■ 二候，鸣鸠拂其羽

布谷鸟在枝头一边梳理羽毛，一边欢快地鸣叫，好像在提醒大家，千万别忘记去耕种呀。

■ 三候，戴胜降于桑

头戴凤冠的戴胜鸟飞落到桑树上，大概是想寻找刚出生的蚕来喂鸟宝宝吧。

听采茶的阿姨说，茶叶要采茶树上最嫩的那部分。采回家后，把它们晒干，再用热水冲开，就成了真正的谷雨茶。

据说，喝谷雨茶能清火、明目。所以，虽然口感涩涩的，早早还是一口气喝了一大杯。

谷雨茶

回来的时候,早早没忘记带回几片鲜嫩的桑树叶给姑姑家里的蚕宝宝吃。

4月20日　　　　　　星期六　　晴

春天是养蚕的季节。听姑姑讲刚开始养蚕时,它只有两粒米那么小。

几天以后,它开始第一次蜕皮。它先在头部咬出一个小口,然后使劲往外钻,直到钻出旧皮为止。

蚕最喜欢吃桑叶了,尤其是嫩嫩的新鲜桑叶,要是你仔细听,就会听到它吃东西时"沙沙"的声音。

过一段时间后,蚕会慢慢吐丝,结成白色的茧。再过一段时间,它会变成飞蛾破茧而出。

我要带一个蚕宝宝回家,它会不会喜欢我的家呢?

食香椿

早早和爸爸启程回家了,路上许多人家屋里都飘出了炒香椿的清香。

在北方,许多人会在这个时候从树上采摘香椿的嫩叶,清炒或者凉拌。香椿的嫩芽是红色的,香气浓郁,还有很高的营养价值。早在汉代,人们就开始食用它了。

清炒

凉拌

牡丹

"'谷雨过三天,园里赏牡丹。'再过三天,我们就去赏牡丹吧。"妈妈笑着说。

谷雨时节,正是观赏牡丹最好的时候,所以牡丹又叫"谷雨花"。牡丹原产于中国,花色艳丽,有许多品种,花又大又香,有"花中之王"的美称。

"太好了!我要穿最喜欢的裙子去。"早早觉得,在春天,世界变成了一个大花园,让她看也看不够。

看天气预报,记录下谷雨这一天的气温吧。

_____年____月____日

最高气温:_____℃,
最低气温:_____℃。

图书出版编目（CIP）数据

我身边的二十四节气·春生篇 / 江小鱼编著 . -- 长春：吉林出版集团股份有限公司，2018.12 （2021.9 重印）
ISBN 978-7-5581-6222-0

Ⅰ . ①我… Ⅱ . ①江… Ⅲ . ①二十四节气 – 儿童读物 Ⅳ . ① P462-49

中国版本图书馆 CIP 数据核字（2018）第 303560 号

WO SHENBIAN DE ERSHISI JIEQI · CHUNSHENG PIAN
我身边的二十四节气·春生篇

编　　著：	江小鱼
绘　　者：	沈于琴
责任编辑：	李　冬
封面设计：	沈于琴
版式设计：	沈于琴

出　　版：	吉林出版集团股份有限公司
发　　行：	吉林出版集团青少年书刊发行有限公司
地　　址：	吉林省长春市福祉大路 5788 号
邮政编码：	130118
电　　话：	0431-81629794
印　　刷：	德富泰（唐山）印务有限公司
版　　次：	2019 年 1 月第 1 版
印　　次：	2021 年 9 月第 2 次印刷
开　　本：	787mm×1092mm　1/12
印　　张：	3
字　　数：	45 千字
书　　号：	ISBN 978-7-5581-6222-0
定　　价：	39.80 元

版权所有　翻印必究